よく見かける雑草と生育期間

開花　　休眠　　枯死 ×

参考：『原色　雑草診断・防除事典』(農文協)、『ポケット版 田んぼの生きもの図鑑 植物編』(NPO法人生物多様性農業支援センター)

2 刈り払い機の選び方

刈り払い機の種類は肩掛け式と背負い式があり、動力としてはエンジンと電動があります。肩掛け式は小型軽量で優れた機動性を持ち、背負い式はやや重いものの、傾斜地や山林での作業に向いています。用途に合わせて選びましょう。

エンジン式刈り払い機

エンジン式刈り払い機は、出力が高く、おもに農林業の場で使われています。エンジンは軽量で高出力が出やすい、単純構造の2サイクルエンジンがおもに用いられます。排気量25cc以下は一般的な草刈り（おもに農業用）に、25cc以上は竹・笹、山林の下刈り（おもに林業用）に使われます。肩掛け式では、エンジンの動力は操作パイプ内のドライブシャフトを通じて先端のギアヘッドに伝えられ、刈り刃を回転させます。背負い式の場合は、エンジンと操作パイプの間にフレキシブルシャフトがあり、回転を伝える役目を果たしています。

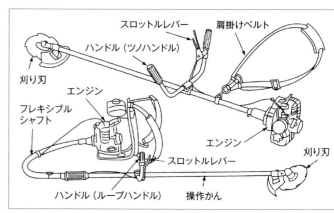

肩掛け式（上）と背負い式（下）の刈り払い機

機種タイプ別の特徴と用途

◎適する　〇やや適する　×適さない

タイプ		機種の特徴	傾斜地	平坦地	林地
背負い式		●左右だけでなく、前後への動きなど小回りが利きやすい。反面、刃先が自由な方向に動かせるため、場合によっては身体を傷つけやすい。 ●負担が両肩に分散され、安定した姿勢で作業をしやすいため、長時間の作業に適する。反面、回転数を上げるとシャフトを握る腕に力が入るため、腕への負担がかかりやすい。	◎	〇	◎

●刃先が足もとから離れるため、背負い式よりも足を傷つけることが少ない。反面、エンジンと刃の間にシャフトがあるため、小回りが利きづらい。
●肩掛けバンドを左肩に掛けるものの場合、左肩に過重な負担がかかりやすい。

	タイプ		機種の特徴	傾斜地	平坦地	林地
肩掛け式	ループハンドル		●斜面と平地の両方がある場所に向く。 ●腕に力を入れて操作しやすいため、山林の下刈りなどに向く。	◎	〇	◎
	2グリップハンドル		●傾斜地が多く、障害物が多い場所に向く。 ●障害物により操作が制限される場所での作業に適している。	◎	〇	◎
	両手ハンドル（ツノハンドル）		●平坦で障害物が少ない場所に向く。 ●大きく横に動かせるので、草刈り機の制御をしやすい。 ●1台のみ揃える場合、操作性と安全性からすると、これがおすすめ。	〇	◎	〇

電動刈り払い機

電動刈り払い機は、エンジン式と違い、排気を気にする必要がなく、音が静かなため住宅地の近くなどでよく使われます。また、エンジンの刈り払い機よりも軽量のため、持ち運びがしやすく気軽に使用できます。ただし、出力が小さいので、広い場所での作業よりも狭い場所の作業など限定的な用途で使うのがおすすめです。タイプとしては、コード式とバッテリー式があります。

コード式は、電池切れの心配がなく使用できますが、電源が取れる場所でしか利用できず、電源コードに動きが制限されるデメリットがあります。

バッテリー式は、電源コードがないため動きが制限されません。しかし、バッテリーが少々重く、充電に時間がかかるわりに使用できる時間が短くなっています。

電源コード式

バッテリー式

刈り刃のタイプ別の特徴と用途

◎適する　〇やや適する　×適さない

種類	特徴	軟らかい雑草	硬い雑草	笹・葦	竹・かん木
ナイロン	● 安全性が高い。石や硬いものに当たっても反動が少なく、木や障害物などの際を刈るのに適する。 ● ただし飛散物の発生が多い。	◎	〇	×	×
4枚刃	● 上下で裏返して使える。 ● ただし石や硬いものに当たったときの反動がチップソーなどよりも大きく、飛散物も発生しやすい。	◎	〇	×	×
8枚刃	● 振動が比較的少ない。	◎	〇	×	×
チップソー	● 刃先にチップ（超硬刃）がロウ付けされているため、耐久性があり、切れもよい。 ⚠ 運転中にチップが剥がれる事故が起きているため、チップが刃にしっかりと食い込んだものを選びましょう。	◎	◎	〇	×
笹刈刃 （30枚刃）	● 笹やヨシなど繊維の硬い植物の草刈りに向く。	×	〇	◎	〇
ノコ刃 （80枚刃）	● 竹やかん木などの硬いものを刈り取るのに向く。 ● 刃の数が多いほど草の飛散が少ない。	×	×	〇	◎

3 作業時の服装・装備

刈り払い機を使う作業においては、屋外での作業にふさわしい服装を整えるとともに、「安全第一」を考えて以下のような装備を心がけましょう。

慢心だめぜったい！　装備なんてこれで十分！

服装・装備のチェック

☐ **防護メガネ・フェイスシールド**
飛散物による目や顔の負傷を防ぐ
（防護メガネのみ着用した場合、飛び散ったものが頬に当たりケガをする。どちらも着用したほうがよい）

☐ **袖口や裾が締まった服装**
引っ掛かりや巻き込まれを防ぐ

☐ **軍手・皮手袋**
手のしびれや腱鞘炎を防ぐには、振動工具用手袋が効果的
（網目が粗い軍手の場合、すきまから飛来物が通って手に当たりケガをするので注意する）

☐ **すね当てや前掛け**
飛散物や草汁の付着を防ぐ

☐ **安全長靴**
回転刃が足元に触れたときなどにケガを防ぐ
（傾斜で滑らないようにするため、スパイク付きのものが安心）

☐ **帽子・ヘルメット・日除けバンダナ**
日差しを除ける

☐ **耳栓・イヤーマフ**
耳鳴りを防ぐ

☐ **肩掛けバンド**
背負い式以外では必ず装着して体に刈り払い機を固定する

両肩に掛けるタイプ。刈り払い機の重さを両肩で受け止めるため、肩への負担が軽減される。刈り刃との接触を防止できる腰ベルト付きのものもある。最近のものは緊急離脱装置が必ず付いている

緊急離脱装置付きのバンドを使い、事前に動作確認をしましょう ▶①

緊急時に刈り払い機を簡単に体から離脱させることができる緊急離脱装置付きのバンドを着用するとともに、安全かつ素早く切り離すことができるように、普段から切り離しの練習をしておきましょう。また、使用前に必ず動作確認を行いましょう。

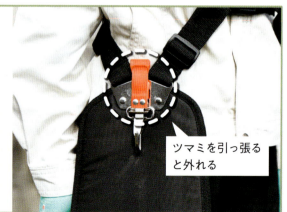

ツマミを引っ張ると外れる

ミカン農家の工夫

長靴・シューズを選ぶポイント

長靴はかかとが硬く、型崩れしないものを

　傾斜地の多いミカン園での草刈り作業には、おもに長靴を履きます。小石などの跳ね返りやマムシなどの被害を防ぐために、かかとが硬く、型崩れしない、しっかりした長靴を使用します。軟らかいと、傾斜面では足が靴内で固定されず、体を支えきれないため、斜面で転倒する危険が高くなります。

通気よく、雨をはじく軽登山靴

　段々畑の作業でもっとも便利なのは軽登山靴です。防水機能を持ちながら水蒸気を放出するため、足が蒸れません。

中敷き・靴下は値段よりも性能で

　靴とともに大切なのは、中敷きです。衝撃吸収性の高いものを購入すれば、膝の負担は軽くなります。靴下は、厚手のウールが最適です。登山用の靴下は少し高価ですが、長期の使用に耐え、足の保護と、靴と足の当たりや蒸れを調整してくれます。靴の大きさは、普段のものよりやや大きいサイズを選び、中敷きと靴下で調整すれば、快適に使用できます。

（『現代農業』2014年7月号参考）

草刈り作業には硬くて型崩れしない長靴が最適。小石のはね返りやマムシの被害も防いでくれる

トマト農家の工夫

アイゼン＆安全靴で急斜面でも安心

　畦畔の草刈りで足元の踏ん張りが利かず危険な思いをしてきました。ベルト式の滑り止めをゴム長靴に付けたこともありますが、中の足までベルトで締め付けられるうえに、長靴から外れることもあり、ストレスばかりが募る始末。

　そこで、ネットで見つけたアイゼン（金属製の留め具が付いた登山用具）を購入してみました。2,000円程度のもので靴下のように簡単に装着できます。長靴への装着では同じ失敗を繰り返すと思い、安全靴も購入しました。靴底の形が保持されるため締め付けられません。急勾配の土手でもスキーを履いて傾斜に立つような感覚で、比較的安全かつ容易に姿勢を保てると思います。一緒に、靴にゴミが入るのを防ぐゲイター（靴の上から履く登山用スパッツ）もホームセンターで購入しました。

　アイゼンと安全靴で足元が安定し、精神的にラクになりました。作業に集中でき、効率もよくなったと思います。ただ、アイゼンは、踏ん張りは利きますが、歩くときにつまずくリスクがあるので、爪の長さはほどほどがいいと思います。さらに、地面が濡れた状態だと泥がくっつき、逆に作業しづらくなります。

（『現代農業』2023年8月号参考）

アイゼンの爪。歩くときにつまずくリスクがあるので、長さはほどほどがいい

4 刈り払い機の基本操作

長年刈り払い機を使っていても、その操作は自己流になっている場合が少なくありません。基本となる操作法や足の運び方などをマスターすることで、今まで以上に効率よく、安全に作業を進めることができます。

始動前の点検 ▶②

ネジのゆるみや装着の不備などがあると思わぬ事故につながります。必ず作業前に以下の点を点検しましょう。

始動前の点検箇所

□ 持ち手にネジ類のゆるみはないか

□ 飛散物防護カバーは正しく付けてあるか

□ 燃料は十分入っているか。新しい燃料か

□ 刃がしっかり固定されているか
刈り刃を固定しているネジは逆さネジのため、反時計回りに回して固定する

□ 刃先に割れや欠けがないか

2サイクルエンジンの始動 ▶②

※メーカーにより多少始動の仕方が異なるため、取扱説明書で確認しましょう。

❶ 燃料タンクに混合ガソリンを入れる（写真1）。始動する際は給油容器を置いた場所から3m以上離れること
❷ プライミングポンプ（ビニールまたはゴム製のポンプ）を3〜10回程度押す（写真2）。
❸ チョークレバーを「閉じる」の位置にする。
❹ エンジンスイッチをON（始動）の位置に入れる。
❺ スタータノブを引く（写真3）。はじめはゆっくり引き出し、重さを感じたら力を込めて素早く引く
❻ ブルーンと始動音（初爆）が聞こえたらチョークレバーを「開く」にする（写真4）。
❼ 再びスタータノブを数回引くとかかる。アイドリングが安定するまで低速回転で2分ほど暖機運転させる。

※初爆が聞こえない場合でも、スタータノブを5、6回引いたらチョークレバーは「開く」の位置にしましょう。チョークを「閉じる」の状態で繰り返し引くと、エンジンに燃料が行き過ぎてかえって始動しにくくなります。なお、停止直後などエンジンが温まっている状態で始動させる場合は、チョークは「開く」のままです。

1

2 プライミングポンプ（半透明・半球状）

3

4

⚠ くわえタバコでの給油は厳禁。燃料がこぼれたら、機体に付着した燃料を完全に拭き取ること

正しい持ち方と刈り刃の振り方 ▶①

刈り払い機を自然な姿勢で持ち、刈り刃が地面から10cmくらい浮いた位置で、水平になるように肩掛けバンドを調整しましょう。

刈り刃を草に当てる位置 ▶①

作業者から見て、刈り刃の左前方1/3を草に当てて刈ります（青の部分）。

また、硬いものに当たった場合、刃の跳ね返り（キックバック）を起こしやすい位置（黄色の部分）に注意しましょう。

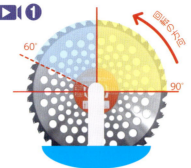

振り幅は1.5mを目安に、あまり大振りしない

刈り刃は地面から10cmくらい浮かせる

刈り刃は左にやや傾けた状態で、右から左方向に刈る

⚠ 左から右方向への往復刈りはしない

足の運び方 ▶①

常に右足が左足よりも前にある状態で、刈った分だけすり足で右・左・右・左と交互に足を運びます。

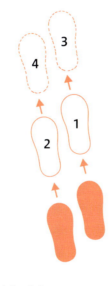

運転上の注意

長時間高速回転を続けて、硬い草やかん木などを刈ることで過重な負荷がかかると、エンジンが異常高温になり、焼きついてしまいます。無理な作業は避け、長時間にわたる場合は適宜休憩をとりましょう。なお、長時間使用した際はエンジンをすぐに止めず、低速で1～2分冷却運転する必要があります。

参考：『刈払機安全作業ガイド―基本と実践―』（石川正喜著）全国林業改良普及協会、『安全な刈払機作業のポイント』林業・木材製造業労働災害防止協会

終了後の整備と保管

使用したあとは、刈り刃の回転軸の掃除をします。刈り刃を固定しているネジを外し、刃押さえ金具や刃受け具を外したら、中に絡まっているゴミや草を針金などで取り除きましょう。ちなみに、刈り刃を固定しているネジは逆さネジなので、外す際は、時計回りに回します。

また、ギアヘッドにグリス（潤滑油の一種で、油よりも粘度が高く半固体）を補給するなどして、次回にすぐ使用できるようにしておきましょう。

また、運搬時と同様に、保管時も刈り刃カバーを装着して不用意な接触によるケガを防止しましょう。

草やチリ、汚れがそのままだと、刃のサビやギアケースの詰まりなどを引き起こし、機械の不調や破損の原因となりますので、使用後のメンテナンスを習慣にしたいものです。使用頻度に応じて（20時間に1回程度）、エンジン部分の掃除なども必要となります。

刈り刃を手で回しながら、ギアヘッドにグリスを注入する

5 安全作業の進め方

刈り払い機によって草刈り作業はとても楽になった反面、ちょっとしたミスが思わぬ事故を引き起こします。作業の安全を確保するために、作業者の年齢や体力、作業の熟練度、健康状況などを事前に確認し、適切な作業分担と人員配置を行い、無理のない作業計画を立てましょう。

作業前に行うこと ▶①

草刈り作業の前に必ず行うことは以下のとおりです。

作業前日まで

- 事前に活動場所の下見を複数名で行い、危険な箇所（急傾斜地、窪地やぬかるみ、段差、危険物、危険生物など）をチェックする。
- 刈り刃に当たって飛び散るような石や木の枝、空き缶、また刈り刃に巻きつくテープや針金、ツタなどを事前に取り除く。

下見をしておけば巣を見つけられたのに…

草丈が長いと、急な傾斜や窪地に気づきにくいため、地形をしっかり調べましょう

イノシシはヤブを住処にしていることが多いので注意しましょう

ハチやヘビなどの危険生物の生息地がどこにあるのか事前に確認しましょう

刈り刃に当たって飛び散ったり、からまったりするゴミは除去しましょう

当日の作業前

- 当日の作業分担と配置について連絡し、当日の健康状況によって配置替えが必要な場合は申し出てもらう。
- 作業時の安全確保に関する注意事項（以下の「作業中に注意すること」参照）や当日の作業計画を確認しあう。

作業中に注意すること ▶①

作業中は安全を確保するために以下の点に十分気をつけましょう。また、参加者全員が安全に作業できるように安全管理に目配りする担当者を決め、注意を喚起し、作業中に決められた時間に休憩をとるよう声がけを行いましょう。

安全作業のポイント

- 相互に15m以上間隔をとりながら作業する（飛散物やキックバックで負傷させる危険があるため）。
- 作業中に声をかけるときは背後からではなく、必ず作業者の前に行ってかける。
- やむをえず作業者に近づく場合は、15m以上離れた場所で合図をして、エンジンが止まったのを確認してから近づく。

作業者同士の間隔
作業者同士の間隔が15m以上になるように

声かけのよい例　悪い例
後ろではなく、前から声をかける

- 刈り刃に草が巻きついたり、木に刈り刃が食いついたりしたときは必ずエンジンを止めてから対応する。
- 作業の中断や移動中は必ずエンジンを切る。
- 狭い場所や障害物の周辺など、刈りづらいところは無理せずに手刈りする。
- 傾斜地では一歩ずつ足場を確認しながら作業をする（常に右足が前に出るように）。
- 水路脇の作業時や水路をまたぐときは転落に注意する。
- 機械の不調が生じた場合はエンジンを切って刈り刃の回転を止めてから、取扱説明書に記載されている「故障診断」の項目を参照して原因を探り、適切に処理をしていく。

声かけ例

安全管理に目配りする担当者を決め、注意を喚起する声かけを行いましょう。

- 間隔をとらずに作業をしている人たちに…「**もっと間隔を空けるように**」
- 足場の悪い場所や無理な体勢で作業をしている人に…「**危ないので無理をしないように**」
- 車の通行に注意が向いていない人に…「**車が近づいているので注意するように**」
- 猛暑での作業中に…「**決められた時間に休憩や水分をとるように**」「**体調が悪くなっていないか**」など

緊急時への備え

作業中の事故などに備えて、緊急時には以下の方法を徹底しましょう。

- けがや事故が起こった場合の緊急連絡方法を参加者に周知する（このこと自体が安全確保に対する参加者の意識を高めることにつながる）。
- 事故が発生した場合、直ちに発見・連絡できるように、必ず作業者同士がお互いを目視確認できる位置で作業を行う。
- 事前に傷害保険等に加入する（1人数十〜数百円／日で、多面的機能支払交付金や中山間地域等直接支払交付金の対象となる）。1〜2週間前までに手続きが必要なため、早めに参加者を決める必要がある。

⚠ 保険の支払適用範囲については複数の役員で保険会社に確認し、集落や活動組織の総会等の場で全構成員に周知する。

緊急連絡先リスト

事前に調べてリスト化し、参加者全員で共有するようにしましょう。

基本情報					
	氏　　名				
	生年月日		年	月	日
	電話番号		―	―	
	住　　所				

緊急連絡先			
	氏　　名		続柄
	電話番号	―	―
	警　　察	**110**	
	救急・消防	**119**	

救急時			
	血液型		型
	持病・アレルギー		
	常用薬		
	かかりつけの医療機関	―	―
	電話番号		
	伝えておきたいこと		

その他			
	事　務　局	―	―
	保険会社	―	―

大規模露地野菜農家・大吉農園の工夫

事故ゼロを守る大吉農園のルール

　刈り払い機を使ってみると、ヒヤッとすることの連続。機械作業は危険と隣り合わせです。大吉農園の安全ルールは、こうした危機感から生まれました。

危険箇所には目印を

　新たに借りた圃場は従業員と一緒に回って、危険箇所には目印を立てています。例えば側溝や境界棒、畑かん（畑地かんがい）の円筒など。草が伸びると見えなくなってしまい、刈り払い機の作業やトラクタ作業時に気づかないと危険です。そういった場所には、赤くペイントした棒を立てて、離れた場所からも確認しやすくしています。危険箇所をわかりやすくするため、定期的な草刈りも心がけています。

先端を赤く塗ってある

畑かんなどのコンクリート部に、ロータリや刈り払い機の刃を当てる危険が減る

ケガに備えて

　いざというときのために清潔な水と救急箱を常備。「緊急連絡先カード」を作成し、作業時に携帯しています。
　大吉農園で取り組んでいることは、誰にでも、明日にでもできる安全対策です。
（『現代農業』2020年12月号より参照）

移動車に常備している水と救急箱

稲作農家の工夫

ドライバーに草刈りをアピール

　道路沿いの圃場の草刈りをしていると、一般の車からクラクションを鳴らされたりすることが増えたように感じています。草刈りは地域の景観保持にも大きな意味があるはずですが、人々に伝えるのはなかなか困難です。
　そんなとき、河川の堤防沿いをドライブし、「法面の除草作業中です」という看板を発見。草刈りをしているのは見ればわかりますが、あえて文字で伝えることで何かを感じてほしいと思い、軽トラックのあおりにつける看板を製作しました。
（『現代農業』2022年8月号より参照）

作業中看板

保管とメンテナンスの工夫

長期に保管する場合は燃料を空に ▶②

長期にわたって（3カ月以上）刈り払い機を使用しない場合は、以下のことを行い、ホコリのない乾燥した、直接日光の当たらない場所に保管しましょう。

❶ 全体を点検しながら各部を清掃し、必要な修理を行う。
❷ 燃料をタンクから抜き、機械内のガソリンを完全に空の状態にする。
❸ ギアヘッド（ヘッド横の短いボルトで締められた穴）のボルトを外してグリス（リチウム系の万能タイプが適する）を補給する。
❹ 必要に応じて刈り刃や金属部分に薄くグリスを塗っておく。

ガソリンを空にする手順

①燃料タンクを空にする

②再びエンジンをかけ、停止するまで待つ

燃料の取り扱いと保管

燃料は、取り扱い方によってどんどん品質が悪くなります。品質が低下すると、揮発性ガスの燃焼時にエンジン内にカスがたまる量が多くなり、プラグやバルブ、マフラーなどに付着して調子を悪くします。

ガソリン（金属製専用缶）　混合燃料（市販品）

- 燃料はシーズンごとに少量ずつ購入し、常に新しい燃料を使用する。
- ガソリンはポリ容器を溶かす性質を持つため、必ず金属製もしくは専用容器に入れる。
- 揮発を防ぐために、容器のフタは確実に締める。ポンプを取り付けたままにしない。
- 強い引火性を持つため、燃料を扱う際は火気（タバコなど）厳禁とする。
- 作業現場では燃料タンクを直射日光や高温になる場所や車の中ではなく、木陰などの風通しのよい場所に置く。
- 混合燃料用の専用容器も用意し、内容物がわかるようラベル表示をする（写真参照）。
- 日が当たると容器内に水滴がつき底に水が溜まるため、必ず日の当たらない涼しい場所に保管する。
- ガソリンをドラム缶から移すとき、底には水やサビが溜まっているため底からの吸い出しは避ける。

簡単目立てでチップソーの切れ味復活

刈り刃のチップソーは、作業後の目立てが必要です。チップソーのチップの逃げ面と、すくい面それぞれに対して、グラインダーの砥石を直角に当て、一カ所あたり1秒ずつ砥ぎましょう。同じ要領で1周行います。

目にチップの破片が飛んでくると危ないので、必ず眼鏡をかけるなどして目を保護して行いましょう。
（『現代農業』2012年7月号より参照）

1. 逃げ面を砥ぐ

2. すくい面を砥ぐ

6 作業しづらい場所での草の刈り方

足場が不安定な傾斜地や雑草が繁茂する耕作放棄地での草刈りは、見通しの利いた平坦地での草刈りに比べて、身体にかかる負担が大きく、草刈りの難易度も上がります。それぞれの場所に見合った草刈りのコツなどについて解説します。

傾斜地・法面での作業の基本

傾斜地や法面は足が滑ってバランスが崩しやすいため重大な事故も起こりやすく、足腰にも過度な負担がかかります。こうしたリスクや負担を軽減するには、法面に作業道や足場を設置したり、足元が滑らない工夫が必要です。最近は、トラクタ直装式のモアや畦畔草刈り機など自走式モアの使用も広がっています。

作業の基本（動き方）

通常は上から下に草を落とすように刈ります（写真左）。ただし、水路などに草を落としたくない場合は、上に向けて草を持ち上げるように刈ります（写真右）。その際は足場に十分気をつけましょう。

足場やステップの設置

広い法面や斜面地では安全に作業できる足場や作業道をつくるとよいでしょう。安全性が確保できるだけでなく、労力の負担を減らすこともできます。設置するには以下のような方法があり、それぞれに一長一短があるため、地域に合ったやり方を検討しましょう。

❶ 間伐丸太を用いた足場の設置
施工が楽でコストも低い。安定度はやや悪い

❷ 間伐丸太を用いたステップの設置
安定度が高く比較的コストが低い。施工に手間がかかる

❸ 管理機を活用したステップの設置
安定度が高い。施工に手間と機械代がかかる

❹ プラスチックの足場を用いたステップの設置
施工は楽で耐久性もある。資材代がかかる

複数人で刈り払い作業をする際の注意

広い斜面を複数の人数で刈る際は、右図のように並んで上に向かって刈ります。

作業者同士の間隔は必ず15m以上とりましょう。斜面を上から下に縦移動すると足場が不安定となり、転倒の危険が高まりますので、必ず下から上への縦移動とします。

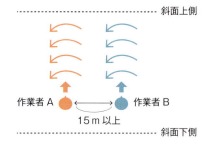

縦移動

上に向かって移動しながら刈る

大型機械や自走式モアの活用

　傾斜地で足場の悪いところなどでは、大型機械を併用する方法もあります。トラクタ用モアは、刈り幅が広く、長い畦畔をひと息に刈ることが可能です。そのなかでも、法面刈りができるアーム式モア、スライド式モアが重宝されています。また、遠隔で操作ができ、自動で草刈りをするリモコン式草刈り機も活躍し始めています。

　トラクタ用モアやリモコン式草刈り機は高額な機械ですが、草刈り活動を組織化・活動組織を広域化し、交付金を活用することで導入が可能です。

アーム式モア
刈り幅　0.8〜1.2m
適応トラクタ　アームが長いと、トラクタは重量が必要
馬力　小さいものなら20馬力台〜
値段　メーカー希望小売価格が90万円台から。250万円以上のものもある

オフセット（スライド）式モア
刈り幅　1.2〜1.6mが主流。2.5mの大きいものもある
適応トラクタ　刈り幅やトラクタ装着部のフレーム幅にあったものが必要
馬力　小さいものなら25馬力〜
値段　刈り幅のほか、刃の種類、オフセット方式（電動/油圧やスライド幅）にもよる。80万円台から大きいものは300万円以上

ラジコン（リモコン式）草刈り機
刈り幅　0.5〜1.2m
馬力　小型は3馬力〜、大型は25馬力のものまで
使用可能傾斜角度　30〜45度
値段　相場は100万円から160万円台。馬力・性能によって異なり、60万台から、450万台のものもある

　トラクタ用モアと自走式モアの両方を活用する事例もあります。草刈り隊を組織して集落内にある1.5ha区画の畦畔・法面の草刈りを請け負う中谷農事組合法人（兵庫県豊岡市）では、アーム式モアと自走式モアを活用し、3段階に分けて法面の草刈りを行っています。

トラクタ用モアを運転する際の注意

　トラクタ用モアはパワーがあるため、刃に当たった石が勢いよく飛んでしまい、家や車のガラスを壊す可能性があります。また、電柱や橋の近くにあるパイプラインのバルブが雑草で隠れてしまっていると、気づかずに叩いてしまうこともあります。

　こういったことが起こらないようにするため、草刈り前には集落を巡回して、あらかじめ危険物を除去・移動させましょう。さらに、バルブ周りに旗を立てるなどの工夫をして障害物がどこにあるのかわかりやすいようにするのも重要です（p.10-11「安全作業の進め方」参照）。

法面での草刈りの手順
❶ トラクターに付けたアーム式モアで、法面の真ん中部分を大きく刈る
❷ 自走式モアで法面のてっぺん部分（平ら）を刈る
❸ 法面の上下など刈り残し部分を刈り払い機で刈る

自走式モアは狭い場所の除草に適している

多面的機能支払交付金の事例や活動組織の広域化については、農林水産省のホームページを参考にしてください。
多面的機能支払交付金事例集　https://www.maff.go.jp/j/nousin/kanri/jirei_syu.html
中山間地域等直接支払制度の事例　https://www.maff.go.jp/j/nousin/tyusan/siharai_seido/attach/pdf/index-97.pdf
活動組織の広域化　https://www.maff.go.jp/j/nousin/kanri/attach/pdf/tamen_siharai-137.pdf

耕作放棄地での作業の基本

　耕作放棄地は放棄後の年数により植生が急速に変わっていきます。
　畑地だった場所では、1年目にはハルタデなどの畑地雑草が生え、その後ススキなどの大型の雑草が増加します。一方、水田だった場所では、2年目からセイタカアワダチソウなどの大きな雑草が生えます。その後、どちらの場所にも、かん木が生えてきてヤブ化してきます。したがって草刈りを行う際には、現地の植生をよく確認し、その状況にふさわしい刈り刃を取り付けて作業を行いましょう。

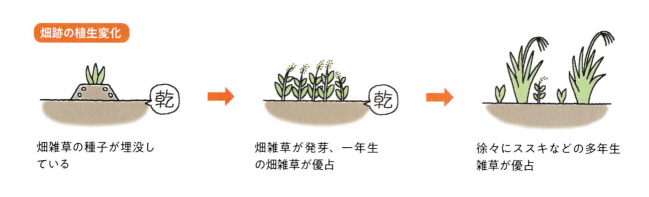

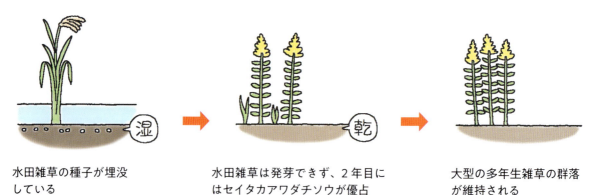

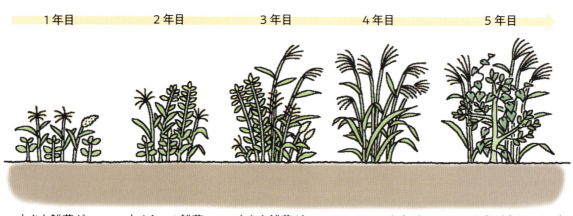

高刈りで雑草・害虫対策 ▶③

　高刈りとは、地際部から10cm程度高い位置で草を刈ることで、イネ科雑草の勢いを抑える方法です。

　広葉雑草の生長点は高い位置にありますが、穂を出す前のイネ科雑草の生長点は地際にあります。そのため、両方が混在している畦畔などで、地際刈り（地面近くの位置で草刈り）をすると、広葉雑草は枯れますが、イネ科雑草は生き残ってしまいます。

　その結果、生命力が旺盛なイネ科雑草がすぐに伸び、草刈りの回数が多くなってしまいます。また、イネ科植物を好むカメムシの住処になる危険性もあります。

イネ科雑草に対抗

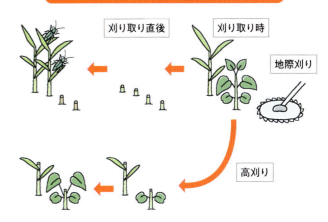

草刈りの高さで優占する草種が変わるしくみ

　高刈りをすると、生長点が高い広葉雑草も生き残り、主根ではなく側根を伸ばし、わき芽を増やします。縦ではなく横に伸びるので、草丈の問題はそこまでありません。イネ科雑草の割合は低くなり、カメムシなどの害虫を寄せ付けなくなります。また、害虫駆除をするクモやカエルも増えます。加えて小石などの飛散や刃の消耗も減らし、キックバックのリスクも下げることができます。

草刈り1カ月後を比べると

クローバーなどの草丈の低い、広葉雑草が多い

出穂したイタリアンライグラスが目立つ。この穂をエサにして、カメムシがすみつく

地際刈りのほうがよい雑草・圃場

　高刈りはあくまでもイネ科雑草を減らすための刈り方です。植生を見て適宜判断しましょう。

　以下は、地際刈りの対応が適している雑草・圃場です。
- セイタカアワダチソウ、アメリカセンダングサなど広葉の強害雑草
- 穂をつけたイネ科雑草
- 広葉雑草よりもイネ科雑草が占有している圃場

セイタカアワダチソウなどは地際刈りが適している

7 トラブルの予防と対策

振動を伴う機械を使った夏場の草刈り作業では、身体への負担が大きくなります。また、機械を注意して使用しなければ、思わぬ事故につながります。それぞれの問題をどのように対応したらよいのでしょうか。

⚠ どんなに人家に近いところで作業する際でも、トラブル発生時の緊急連絡用に携帯電話を常に携帯しましょう。

身体への負担の予防

肩や腰の強い疲労感、また手指や腕がしびれるなどの振動障害は、長時間の連続作業と振動などが原因です。作業時間は以下の原則を徹底しましょう。
- 1日の作業は、2時間を目安とする。
- 連続する作業は、おおむね30分以内とし、間に5分以上の休憩をとる。
- 軟質で厚手の振動防止用手袋も振動障害の予防によい。なお、大きな音を発する機種や耳元にエンジンがくる背負い式の機種の場合には、騒音対策として耳栓やイヤーマフを使用するとよいでしょう。

30分に1回、5分以上の休憩を

熱中症対策

炎天下で熱中症を引き起こさないため、以下の点に気をつけましょう。
- 作業日前日には十分な睡眠をとり、健康管理に配慮する。
- スポーツドリンクなど、水分や塩分補給のための飲み物や、身体を冷やせる氷や冷たいおしぼりを各自で持参するか、組織で用意する。
- エアコンの効いた車の中など、日が当たらず身体を冷やせる場所に休憩場所を確保する。
- 30分ごとに1回程度、十分な休憩時間をとる。
- 作業服は吸湿性や通気性に優れ、帽子も通気性のよいものを着用する。
- 事前に作業者の健康状況を把握し、作業中も巡回して健康状況を確認する。
- 暑さ指数（WBGT、湿球黒球温度）が28度を超えるなど熱中症の危険が高い日は作業の中止も検討する。

暑さ指数に応じた作業の例

身体作業強度	作業の例	暑さ指数（WBGT）基準値
安静	安静	33（32）
軽作業	乗り物の運転	30（29）
中程度の作業	草むしり	28（26）
激しい作業	草刈り	25（22）
極めて激しい作業	斧をふるう	23（18）

（　）内は暑さに慣れていない人に向けた指数です。熱中症対策を行う場合、環境省のサイト（https://x.gd/jBcft）などを確認し、気温よりも暑さ指数を参考にしましょう

カキ農家の工夫

接着剤でくっつけるだけ **夏でも快適、空調雨ガッパ**

夏場の防除は本当に大変で、雨ガッパの内側は熱がこもるし、頭がクラクラします。

そこで、ダメになった空調服のファンをカッパに取り付けてみました。空調服から切り抜いたファンを、それと同じくらいの穴をあけたカッパに縫い合わせるだけ。穴の場所は左右の腰部。私は縫うのが面倒だったので、瞬間接着剤で生地同士をくっつけました。カッパはズボン型だと脚が蒸れるから、ロングコート型に。ファンから取り込んだ空気は襟と袖のほうへ流れるように腰にゴムバンドをしています。コートの前はボタンではなくファスナー式なので空気漏れがなくて涼しいです。

（『現代農業』2022年6月号参考）

空調服は自作もできる

空調服用のファン（5,000円程度）やバッテリー（1万3,000円程度）と、それらを取り付ける専用の作業着（4,000円程度）が別売りされている。さらに、普通の作業着に穴をあけてファンを取り付けるための「自作キット」もある。

外気は襟と袖に抜ける。ファンはゴムバンドの上、腰部に二つ付いている

熱中症の症状

熱中症は、さまざまな症状の総称です。初期の熱中症のサインに気づき、重度になる前に防ぎましょう。

重症度		症状
軽	熱失神	めまい・失神。いわゆる立ちくらみの状態
軽	熱けいれん	筋肉痛・筋肉の硬直、こむら返り。発汗に伴う塩分の欠乏が原因
中	熱疲労	頭痛・吐き気・嘔吐・下痢・倦怠感・虚脱感・判断力や集中力の低下など
重	熱射病	高体温。意識障害・けいれん・おかしな言動や行動・過呼吸など

熱中症の応急処置法

- 日陰などの涼しい場所に避難し、服をゆるめて風通しをよくする。
- 水をかけたり、扇いだりして体を冷やす（脇の下や首筋、足の付け根を冷やすと効果的）。
- 水分と塩分を補給する。

※応急処置しても症状が改善されない・意識がない・自力で水が飲めない場合はすぐに病院で手当てを受けましょう。

空調服の効果

　空調服を着用すると、皮膚温（皮膚表面の体温）が下がり、涼しく感じられます。これにより、暑さによる注意力低下を抑えることが期待できます。

　熱中症は、深部体温（体の中心部の体温）の上昇により発症しますが、空調服の通常の使用法では深部体温の上昇を抑えることができません。しかし、空調服の下に着る肌着を湿らせておくと、気化熱の作用で深部体温の上昇を抑える効果が生じやすくなります。左記の基本的な熱中症対策を行ったうえで、空調服の効果を取り入れることが重要です。

※気温が35度を超えた場合、身体に熱をためる可能性があるため、空調ファンのスイッチを一度きって、気温が下がれば再び動かしましょう。肌着が湿っていれば、気温が35〜40度でも涼しさを感じますが、肌着が乾いている場合、気温35度を超えると熱風に感じます。その感覚を頼りにスイッチの判断を決めることもできます。
（『日本農業新聞』2024年9月24日号参考）

空調服＋機能性下着で快適度アップ

　宮城県農業・園芸総合研究所では、高温期のハウス内作業の暑さ対策として、市販されているファン付き作業着（空調服）の効果を高める着用方法を明らかにしました。

　空調服を着用するとき、「アイスタッチ」「ハイグラ」などの機能性繊維素材の下着にすることで、作業着下温度（作業着と下着の間の温度）は作業者周辺の室温よりも最大で3度程度低下し、綿の下着に比べて作業着下温度の降温効果が高くなります。また、アイスタッチ素材の下着着用時に、その胸側に霧吹きで水を吹きかけると、霧吹き前と比べて作業着下温度は3〜5度程度低下します。

※ここで紹介した内容の一部は、農林水産省および復興庁の「食料生産地域再生のための先端技術展開事業」により実施したものです。
（『現代農業』2016年6月号参考）

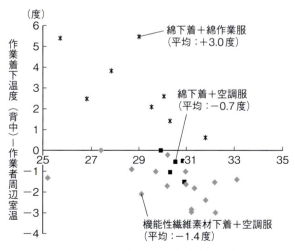

空調服を着用する際の下着別降温効果

作業者周辺の湿球黒球温度（暑さ指数）（度）

※空調服は㈱空調服のPN-500Nを使用。機能性繊維素材の下着は、バイオギアアイスタッチ半袖（㈱ミズノ）、レスキューTシャツ半袖（㈱アルパ）、空調服用クールインナー長袖（㈱空調服）を使用

起きやすい事故

刈り払い機は、高速で回転する刈り刃が露出しているため、安全に留意して使用しないと大変危険です。
国民生活センターによると、刈り払い機の事故原因は「刈り刃に接触した事故」「飛散物による事故」に大別されます。また、「刈り刃に接触した事故」はおもに4つ（原因不明を除く）の原因が挙げられます。

2019年度〜2024年6月末日の刈り払い機事故調査（国民生活センターより）

1. 刈り刃に接触した事故

①転倒

事例 斜面でバランスを崩し、誤って刈り払い機が太ももに当たる。長さ30cmの切り傷をつくった。

対策
- 滑りにくい作業靴を着用する（p6-7「作業時の服装・装備」参照）
- 無理な姿勢をとらない
- 傾斜面に小段を設置する
- 危ない場所は手刈りをする
- 腰ベルトつきの肩掛けベルトを使用する
- 畦畔草刈り機やトラクタ装着型のモアを使用する

刈り払い機を装備した状態で後方に転倒した

刈り払い機を装備した状態で後方に転倒

刈り払い機が身体に引き寄せられ、刈り刃が足に接触する

②作業者に接近

事例 草刈り作業中の人に近づいてしまい、刈り払い機にて受傷。膝下に15cmほどの挫創あり。

対策
- 刈り払い作業中の人とは15m以上間隔を空けるようにする
- やむを得ず近づく場合は、前方から近づく
- 刈り払い作業者が大きく姿勢を変える場合は刈り刃の回転が停止したことを確認してから動く

刈り払い作業者が振り返った際に別の作業者に接触する

後方で刈った草を集めている別の作業者（ダミー人形）

刈り刃が回転したまま後ろに振り返る刈り払い作業者

後方の作業者に気づいたときには刈り刃が接触している

③ キックバック ▶❶

事例 刈り払い機の刃が固いものに当たり、回転方向と反対側に刃が跳ね上がって（キックバック）、隣にいた作業者の下腿に接触した。

対策
- 刈り刃の左側の前1/3で草を刈るようにする
- キックバックを起こしやすい往復刈り・大振りを避ける

キックバックを起こしやすい使用法

刈り刃の右前側で草を刈ると、キックバックを起こしやすい

刈り払い機を左右に大きく振って刈るため振った先の障害物に気づきにくい

④ 異物除去 ▶❶

事例 刈り刃に草が絡まって回転が止まったので、エンジンをかけたまま草を取ろうとした際に刈り刃が動いて指を切ってしまった。

対策 異物が絡まって回転が停止した場合は、必ずエンジンを止める、またはバッテリーを外し、刈り刃が回転しない状態にしてから異物を取り除く

エンジンを止めずに刈り刃に絡まった異物（草）を取り除く

草が絡まって刈り刃の回転が停止した状態

草を取り除いた瞬間に刈り刃が回転しはじめる

写真提供＝国民生活センター

2. 飛散物による事故

作業者が受傷した事例 作業中に石が右眼に飛んできて角膜が傷ついた。

作業者以外の被害事例 作業者の脇を車で通りすぎた際、飛んできた石が車に当たり、ウインドガラスが破損。

対策
- 飛散防止ネットを使用して飛散距離を短くする
- 付近に人が近づいた際は、離れるまで作業を中断する
- フェイスシールドや保護メガネを着用する
- 飛散物防護カバーを正しい位置に取り付ける

飛散防止ネットを活用した草刈りの様子
（ネットの目合い以下の異物は、ネットを通して飛散する場合があるため注意する）

写真提供＝ハラックス株式会社

8 刈り草の有効な活用法

草刈り後の雑草がそのまま捨ておかれたり、焼かれたりしています。しかし、昔から刈り草は田畑の肥料や敷き草、また家畜のエサや敷料として使われてきました。刈り草の有効な活用法を見てみましょう。

堆肥への活用

野草堆肥の効果

野草堆肥はチッ素、リン酸、カリウムが多く、鉄や亜鉛、銅、マンガンなどのさまざまな成分も含んでいます。また、土壌改良効果が高く、土をふかふかにして根が張るのを助けて作物の養分吸収を高めてくれます。さらに、保水性や排水性も高まるため、作物を必要最小限の水分で育てることができ、食味が向上し、栄養分も増えるとの報告もあります。

野草堆肥づくりの手順

堆肥化には、有機質を分解してくれる微生物が活動しやすい環境を整えることが重要です。そのために、水分含有率（適した水分含有率は50～60％）、炭素率（C/N比、20～30％が最適）、通気量（好気性微生物の働きを促すための十分な酸素）が重要な条件となります。

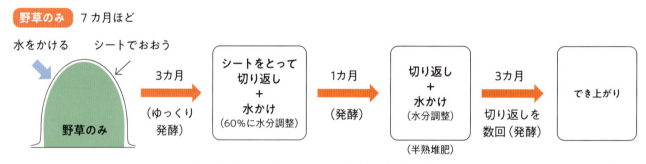

参考：『野草堆肥利用マニュアル』（環境省九州地方環境事務所）、『農業技術大系土壌施肥編』第7-①巻（農文協）

敷き草・置き草への活用

敷き草で病害虫も防ぐ

畑のウネへの敷き草は日光を遮ることで土中の水分の蒸発を防ぎ、雑草の生育を抑え、さらに盛夏の時期には作物の根のまわりが異常高温になるのを防ぎます。

ノボロギク、ハハコグサ、オニノゲシ、ハキダメギクなどのキク科やヒメオドリコソウ、ホトケノザなどのシソ科の雑草は、病害虫除けの効果も報告されています。その効果を高めるには、同時に米ぬかを散布するか、株元をモミガラくん炭や落ち葉の腐葉土で被覆するとよいでしょう。

置き草で果実の日除け

刈り取った雑草で円盤（厚さ2cmほど）を作って、カボチャやスイカなどの地這い作物の果実の上にかぶせ、日除けとする「置き草」としての使用もおすすめです。意外と日光は遮らないため、果実の肥大や色つきを妨げることはなく、水切れもよく、腐敗の心配もありません。残りの雑草は空いたウネの上に敷き、上に米ぬかを振りかけておくと熟成が進み、土中にすき込む春頃には良質の堆肥になっています。

「日焼け」を防ぐスイカの置き草